¡Si te encantan los DEPORTES, te encantan las MATEMÁTICAS!™

Escrito por
Catherine Haight

Ilustrado por
Dajah Rice

Parte de la serie *¡Si te encantan los DEPORTES, te encantan las MATEMÁTICAS!*

Para Lily, Stevie y Dylan Driscoll y Jim Haight

Un agradecimiento especial a Gal y Liv Cohen por sus reseñas y su edición

ISBN: 979-8-9993556-4-5

Biblioteca del Congreso Número de Control: 2026904405

Impreso en Estados Unidos de América

¡Los **deportes** son divertidísimos! Cuando practicas deportes, usas tu cuerpo y tu mente al mismo tiempo.

En una fracción de segundo, haces todo tipo de decisiones sobre la velocidad a la que correr, la fuerza con la que golpear, patear o lanzar la pelota, o cuál será tu próximo movimiento.

¿Y sabes qué? ¡Estás usando las **matemáticas** para tomar esas decisiones!

Imagínate jugando al **fútbol**. Tienes el balón y ves al portero en la portería y a otro defensor a la izquierda. Tu compañero de equipo está a la derecha.

Analizas rápidamente el pase que debes hacer para colocar el balón en la posición perfecta para que tu compañero marque un gol.

Le das un pase a tu compañero, quien patea el balón a la portería y marca un ¡GOOOOOL! Una patada con el ángulo perfecto para superar al portero y entrar en la red.

¡Eso son **matemáticas**! ¡En un instante, acabas de usar geometría y física!

¡El fútbol americano está lleno de matemáticas! El mariscal de campo mira hacia el campo con el balón. Ve al receptor corriendo y le lanza el balón.

El receptor atrapa el balón y corre a la línea de gol para anotar un touchdown.

¡Eso son **matemáticas**! En solo unos segundos, el mariscal de campo vio dónde estaba el receptor abierto, calculó dónde estaría unos segundos después, y decidió dónde y con qué fuerza lanzar el balón para que llegara al punto exacto.

¡El mariscal de campo acaba de usar geometría y física!

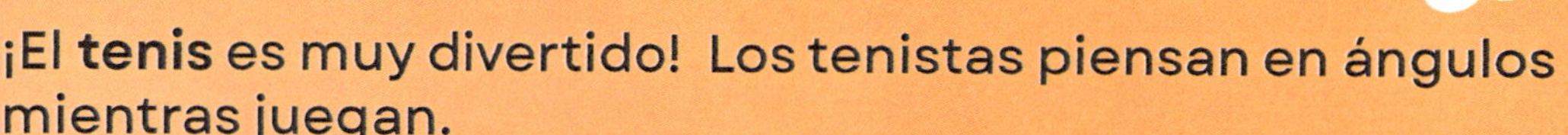

¡El **tenis** es muy divertido! Los tenistas piensan en ángulos mientras juegan.

Cuando un jugador golpea la pelota hacia una sección de la cancha, el otro jugador se mueve hacia allí para devolverla por encima de la red. Esto deja vacía otra sección de la cancha.

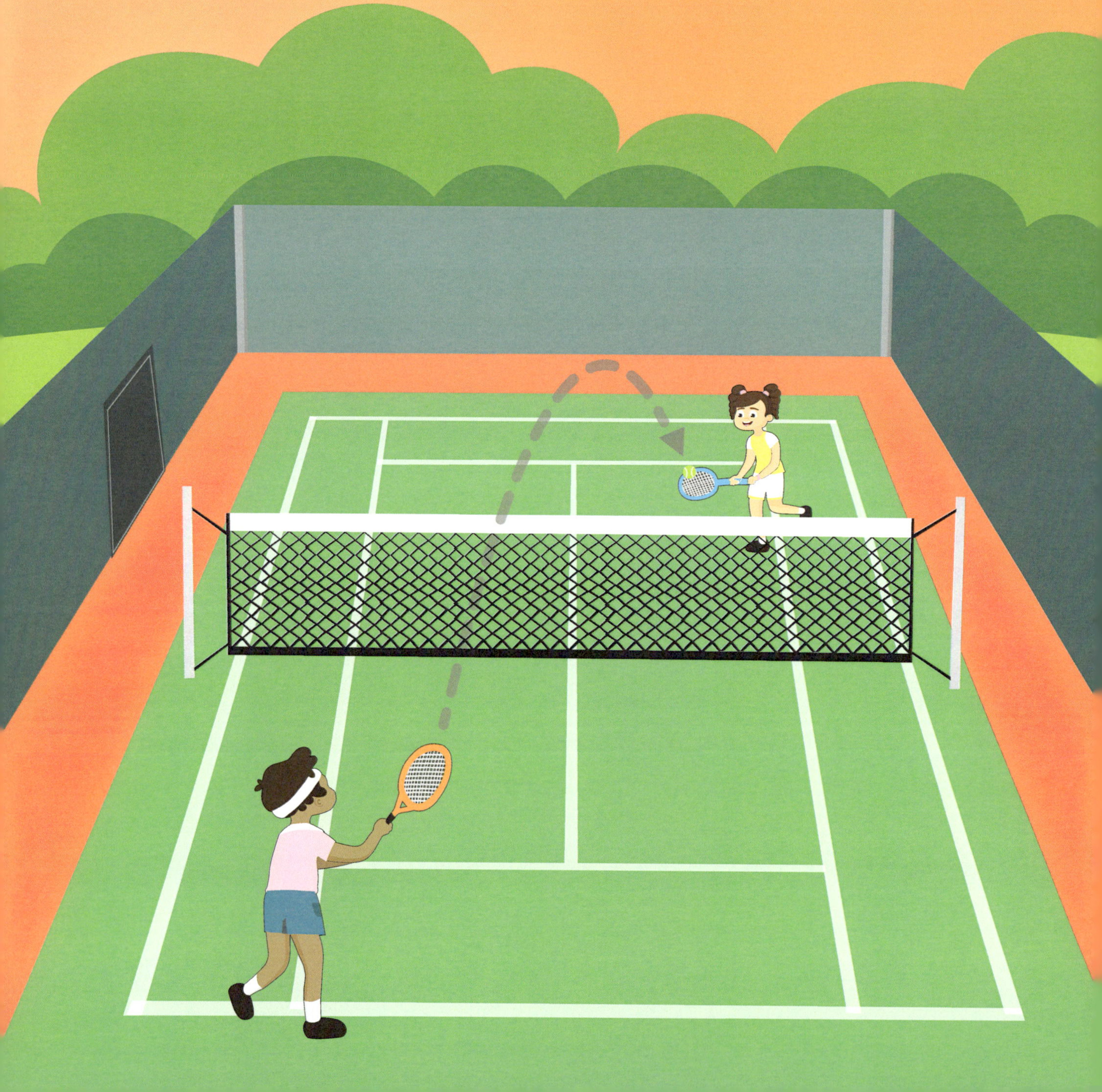

El primer jugador vuelve a golpear la pelota, esta vez hacia la sección recién abierta de la cancha. El otro jugador corre hacia ella, pero no llega a tiempo. ¡Punto anotado!

El tenista usó geometría y trigonometría para lograr el punto. ¡Viva las **matemáticas**!

¿Te gusta el **baloncesto**?

¡El baloncesto también está lleno de matemáticas! La trayectoria curva del tiro desde tus manos hasta la canasta depende de cómo lances la pelota. Si la lanzas sin fuerza, fallas. Si la lanzas con precisión y con arco, anotas puntos.

¡El álgebra y la geometría influyen en si logras encestar o no!

¿Y la **gimnasia**?

Una gimnasta se estira y da una voltereta lateral, aterrizando con ambos pies en la barra de equilibrio.

¡**Matemáticas** otra vez! En un segundo, la gimnasta usó cálculo y física para la voltereta y el aterrizaje.

¡El **hockey** también usa matemáticas! Un jugador de hockey puede ir más rápido o más lento al patinar. Esto se llama "aceleración" o "desaceleración".

¡Ir más rápido o más lento son solo ecuaciones matemáticas!

Cuando veas un disco deslizándose sobre el hielo, observa que tan rápido se mueve (rapidez) y hacia dónde se dirige (dirección). La rapidez y la dirección juntas son la "velocidad" del disco.

Los jugadores de hockey constantemente toman decisiones en fracciones de segundo usando **matemáticas**, ¡probablemente sin siquiera darse cuenta!

¡Incluso **correr** usa matemáticas! ¡Tu rapidez al correr es matemática!

La rapidez es simplemente la distancia recorrida dividida entre el tiempo que tardaste en recorrerla.

Si corres 2 kilómetros en 30 minutos, ¿cuántos kilómetros podrías correr en 1 hora?

Hay 60 minutos en una hora. Vamos a calcularlo:

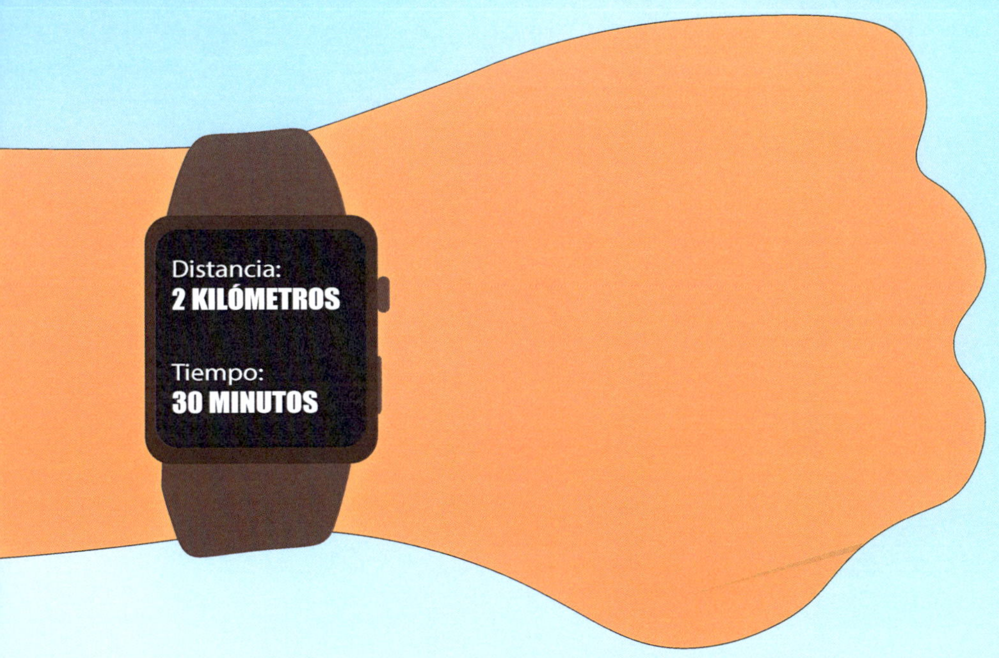

$$\frac{\text{2 kilómetros}}{\text{30 minutos}} = \frac{\text{? kilómetros}}{\text{60 minutos}}$$

$$\frac{2 \times 60}{30} = \frac{120}{30} = \textbf{4 kilómetros}$$

¡GUAU! ¡Corres a 4 kilómetros por hora (k/h)!

Hay muchas maneras de resolver este problema, ¿puedes resolverlo de una manera diferente?

¿Has jugado alguna vez al **golf** o al **minigolf**? ¡Pues las matemáticas te hacen mejor jugador! El golf implica pensar en ángulos, distancia y fuerza; todo esto forma parte de las matemáticas.

¡Los golfistas son matemáticos!

¿Qué deporte crees que implica más matemáticas? ¡La mayoría diría que el **béisbol**!

El béisbol está lleno de estadísticas matemáticas.

Un bateador tiene un promedio de bateo y un total de carreras impulsadas (RBI), entre muchas estadísticas.

- Promedio de bateo = número de imparables dividido entre el número de turnos al bate.*
- RBI = número total de carreras, incluyendo las de otros, como resultado de los hits del bateador.

*Un base por bolas generalmente no se considera un turno al bate para el cálculo del promedio de bateo.

Un lanzador tiene un promedio de carreras limpias o “ERA”.

- ERA = promedio de carreras anotadas por el equipo contrario contra el lanzador, por cada nueve entradas lanzadas.*

*Una carrera limpia se atribuye a las acciones del lanzador, por lo que las carreras anotadas por causa de un error o un lanzamiento descontrolado no se consideran limpias.

¿Ves cómo las matemáticas están presentes en los deportes? En tu clase de matemáticas, pregúntale a tu maestro cómo se aplican las matemáticas que estás aprendiendo a tu deporte favorito. ¡Con gusto te lo explicará!

Cuando *practiques* un deporte, piensa en las matemáticas involucradas.

$$\text{velocidad}(v) = \frac{\text{distancia}(D)}{\text{tiempo}(T)}$$

$$\text{distancia}(D) = \text{velocidad}(v) \times \text{tiempo}(T)$$

Cuando *veas* un deporte, piensa en cómo tu jugador favorito usa las matemáticas para anotar.

Cuando *resuelvas* problemas de matemáticas en clase o en tu tarea, piensa en cómo se aplican a tu deporte favorito.

Porque si te encantan los deportes, **¡TE ENCANTAN LAS MATEMÁTICAS!**

GLOSARIO

Acelerar: Ir más rápido.

Álgebra: La rama de las matemáticas que usa letras como símbolos para analizar las relaciones entre los números y cómo trabajar con ellos.

Ángulo: El espacio entre dos líneas que se intersecan en un punto.

Promedio: El resultado de sumar los totales de un grupo de números y dividir ese total entre la cantidad de números del grupo. [*Ejemplo*: 2+3+4+5+6 = 20. 20 ÷ 5 (números sumados) = 4. El promedio de este grupo es 4.]

Cálculo: La rama de las matemáticas que estudia la tasa de cambio en el movimiento de los objetos. Muchos objetos en los deportes están en movimiento. El cálculo muestra cómo la distancia, el efecto del balón, la altura de la portería, la fuerza del golpeo, la velocidad del jugador y otros factores afectan la trayectoria del balón desde el pie hasta el suelo (¡o hasta la red!). Esta trayectoria invisible se llama la "trayectoria" del balón.

Datos: Conjunto de números para analizar.

Desacelerar: Ir más despacio.

Fuerza: Empujando o tirando algo.

Geometría: La rama de las matemáticas que estudia los ángulos, las posiciones y las distancias de los objetos. [Los "objetos" en el campo pueden incluir un balón, la red, tus compañeros de equipo, los jugadores del equipo contrario, ¡y tú!]

Física: La rama de la ciencia que estudia el movimiento, la energía y la fuerza, entre otros temas.

Estadística: La rama de las matemáticas que analiza números o datos.

Trigonometría: El estudio de los ángulos y los triángulos.

Velocidad: La rapidez con la que un objeto se mueve en una dirección determinada.

www.ingramcontent.com/pod-product-compliance
Ingram Content Group UK Ltd.
Pitfield, Milton Keynes, MK11 3LW, UK
UKRC032027290726
14090UKWH00008B/490